SIXIÈME MÉMOIRE

SUR

LA THÉORIE DES NOMBRES,

PAR M. F. LANDRY,

LICENCIÉ ÈS SCIENCES MATHÉMATIQUES.

Novembre 1856.

THÉORÈME DE FERMAT.

RECHERCHES NOUVELLES. — PREMIÈRE PARTIE. — TROISIÈME ET DERNIER LIVRE.

PARIS,

LIBRAIRIE DE L. HACHETTE ET Cie,

RUE PIERRE-SARRAZIN, N° 14,

(Près de l'École de médecine).

1856.

OUVRAGES DÉJA PUBLIÉS.

Premier mémoire, sur un Théorème de Legendre. Février 1853.

Second mémoire, Recherches nouvelles sur le théorème de Fermat. Premier livre. Juillet 1853.

Troisième mémoire, Nouvelle méthode pour la détermination des *racines primitives*. Mars 1854.

Table des nombres *premiers*, de 1 à 10000. Février 1855.

Tables des nombres entiers non divisibles par 2, 3, 5 et 7, jusqu'à 10201, avec leurs diviseurs simples en regard, et des carrés des 1000 premiers nombres. Février 1855.

Quatrième mémoire, deuxième livre des Recherches nouvelles sur le théorème de Fermat. Février 1855.

Cinquième mémoire, Théorème sur les réduites d'une nouvelle espèce de fractions *continues*. Juillet 1856.

THÉORÈME DE FERMAT,

RECHERCHES NOUVELLES. — PREMIÈRE PARTIE. — TROISIÈME ET DERNIER LIVRE.

Dans ce troisième livre, nous nous proposons d'appliquer les principes des deux livres précédents, et de démontrer que, relativement aux nombres *premiers* θ de la forme $2k\varphi n + 1$, les deux relations $1 + \varepsilon + \varepsilon^x \equiv 0$, $1 + \varepsilon \equiv \varepsilon^x$ sont impossibles pour $\varphi = 5$, $\varphi = 7$, $\varphi = 11$, $\varphi = 13$, $\varphi = 17$, et $\varphi = 19$. Trois exceptions nouvelles, seulement, devront être ajoutées au tableau, que nous avons donné dans le second livre, des facteurs θ qui échappent à notre analyse.

On ne doit pas oublier que n est un nombre *premier* plus grand que 2, et que ε est une racine de $x^\varphi \equiv 1$, autre que l'unité.

PREMIER PRINCIPE.

Les relations $1 + \varepsilon + \varepsilon^x \equiv 0$, $1 + \varepsilon \equiv \varepsilon^x$ sont impossibles pour $\varphi = 5$, et pour $\varphi = 7$.

L'impossibilité des deux relations proposées résulte immédiatement des principes généraux.

Ainsi, pour $\varphi = 5$, l'absurdité est démontrée par le premier principe du livre second, dans les cas de $z = 1$ et de $z = 5$; et par le deuxième, dans les cas de $z = 2$, $z = 3$, $z = 4$.

Pour $\varphi=7$, l'absurdité est établie par le premier principe du même livre, dans les cas de $z=1$ et de $z=7$; par le second, dans les cas de $z=2$, $z=4$, $z=6$; et par les troisième et quatrième, dans les cas de $z=3$ et de $z=5$.

Pour ces deux valeurs de φ, il n'y a pas d'exception au delà de $n=3$.

DEUXIÈME PRINCIPE.

Les relations $1+\varepsilon+\varepsilon^x\equiv 0$, $1+\varepsilon\equiv\varepsilon^x$ sont impossibles pour $\varphi=11$.

Le premier principe du second livre met en évidence l'impossibilité des proposées dans le cas de $z=1$, et dans celui de $z=11$.

Le second principe la démontre pour $z=2$, $z=6$, $z=10$.

Enfin, le troisième et le quatrième la rendent incontestable pour $z=3$, $z=4$, $z=5$, $z=7$, $z=8$, et $z=9$ (*).

La proposition n'admet, au delà de $n=3$, qu'une seule exception, celle indiquée au tableau du second livre pour $\varphi=11$, savoir $\theta=683$ dans le cas de $n=31$.

TROISIÈME PRINCIPE.

Les deux relations $1+\varepsilon+\varepsilon^x\equiv 0$, $1+\varepsilon\equiv\varepsilon^x$ sont impossibles pour $\varphi=13$.

L'impossibilité résulte des deux premiers principes du second livre, pour les valeurs $z=1$, $z=2$, $z=7$, $z=12$, et $z=13$.

(*) Voyez la première note, page 16

Elle résulte des troisième et quatrième principes, pour $z=3$, $z=5$, $z=6$, $z=8$, $z=9$, et $z=11$ (*).

Il reste donc à examiner l'impossibilité des deux relations pour l'une des deux valeurs $z=4$, $z=10$; car ces deux cas se réduisent à un seul, d'après le deuxième principe du premier livre.

Commençons par démontrer l'impossibilité de $1+\varepsilon+\varepsilon^4\equiv 0$.

En carrant $1+\varepsilon^4\equiv-\varepsilon$, on trouve la relation $1+2\varepsilon^4+\varepsilon^8\equiv\varepsilon^2$. Mais, si l'on donne à la proposée la forme $\varepsilon^{10}+\varepsilon^{11}\equiv-\varepsilon$, et que l'on carre, on trouve $\varepsilon^7+2\varepsilon^8+\varepsilon^9\equiv\varepsilon^2$: on a donc $1+2\varepsilon^4+\varepsilon^8\equiv\varepsilon^7+2\varepsilon^8+\varepsilon^9$ ou $1+2\varepsilon^4\equiv\varepsilon^7+\varepsilon^8+\varepsilon^9$, d'où l'on déduit successivement $1+2\varepsilon^4+\varepsilon^{12}\equiv\varepsilon^7$, $2\varepsilon^4\equiv\varepsilon^7+\varepsilon^3$, et $3\equiv 0$.

Reste le seul cas de $1+\varepsilon\equiv\varepsilon^4$.

Formons la septième puissance de cette relation, et réduisons: nous trouvons $\varepsilon^{12}+\varepsilon^8+\varepsilon^4+1+\varepsilon^9+\varepsilon^4+\varepsilon\equiv 0$ (**), et, par suite, $3\varepsilon^4+2\varepsilon^{12}\equiv 0$, à cause de $\varepsilon^8+\varepsilon^9\equiv\varepsilon^{12}$. Le dernier résultat obtenu conduit à la condition numérique $3^{13}\equiv-2^{13}$ ou $1602515\equiv 0$. Or ce nombre, qui est égal à $5.79.4057$, ne saurait être un multiple de $2k\varphi n+1$, pour $\varphi=13$, n étant plus grand que 3, si ce n'est dans le cas de 4057, pour $n=13$. On a en effet $79=2.3.13+1$, et $4057=2.2.2.3.13.13+1$. Pour faire disparaître cette exception, cherchons d'autres conditions numériques.

1° Formons les diverses puissances de $3\varepsilon^4+2\varepsilon^{12}\equiv 0$ ou plutôt de $3\varepsilon^5\equiv-2$; et cherchons, dans les relations nouvelles, celles qui contiennent les exposants de ε considérés dans l'une des trois formes $1+\varepsilon\equiv\varepsilon^4$, $\varepsilon^{12}+1\equiv\varepsilon^3$, $\varepsilon^9+\varepsilon^{10}\equiv 1$, de la proposée. Nous aurons ainsi les éléments d'une élimination facile. Voici ces relations :

$3\varepsilon^5\equiv-2$ ou $2\varepsilon^8\equiv-3$; $9\varepsilon^{10}\equiv 4$ ou $4\varepsilon^3\equiv 9$; $27\varepsilon^2\equiv-8$ ou $8\varepsilon^{11}\equiv-27$; $81\varepsilon^7\equiv 16$ ou $16\varepsilon^6\equiv 81$; $243\varepsilon^{12}\equiv-32$ ou $32\varepsilon\equiv-243$.

Prenons $4\varepsilon^3\equiv 9$ et $243\varepsilon^{12}\equiv-32$ pour éliminer avec $\varepsilon^{12}+1\equiv\varepsilon^3$: nous trouverons $1343\equiv 0$. Or ce dernier nombre, qui est égal à 17.79,

---

(*) Voyez la seconde note, page 18.

(**) Voyez, pour ce développement, la note troisième, page 21.

ne saurait être un multiple de $2k\varphi n+1$ pour $\varphi=13$, si on suppose n plus grand que 3.

2° Voici encore une élimination assez rapide :

Les deux relations $3\varepsilon^4+2\varepsilon^{12}\equiv 0$, $1+\varepsilon\equiv\varepsilon^4$ conduisent à $2\varepsilon^{12}+3\varepsilon\equiv -3$, d'où l'on déduit, en carrant deux fois de suite, $4\varepsilon^{11}+9\varepsilon^2\equiv -3$, $16\varepsilon^9+81\varepsilon^4\equiv -63$. Mais, $3\varepsilon^4+2\varepsilon^{12}\equiv 0$ pouvant être mis sous la forme $3\varepsilon^9+2\varepsilon^4\equiv 0$, il devient facile d'éliminer, et l'on trouve $68335\equiv 0$. Or ce dernier nombre est égal à $5.79.173$, et $173=2.2.43+1$.

Les deux résultats que nous venons d'obtenir, conduisent donc, comme celui qui avait précédé, à la même condition numérique $79\equiv 0$, et servent à écarter l'exception du facteur 4057. En conséquence il n'y aurait d'objection nouvelle à l'impossibilité de $1+\varepsilon\equiv\varepsilon^4$ que pour le seul facteur 79, dans les cas de $n=1$ et de $n=3$.

On voit, en définitive, que, pour ce troisième principe, il n'y a aucune exception à ajouter à celles qui ont été indiquées, au tableau du second livre, pour $\varphi=13$.

QUATRIÈME PRINCIPE.

Les relations $1+\varepsilon+\varepsilon^z\equiv 0$, $1+\varepsilon\equiv\varepsilon^z$, sont impossibles pour $\varphi=17$.

Les quatre principes du second livre démontrent l'impossibilité des deux relations, le premier pour $z=1$ et $z=17$; le second pour $z=2$, $z=9$, $z=16$; le troisième et le quatrième pour $z=3$, $z=6$, $z=8$, $z=10$, $z=12$, et $z=15$.

En conséquence les seuls cas restant à examiner, dans les deux relations, sont ceux de $z=4$, $z=5$, $z=7$, $z=11$, $z=13$, $z=14$.

L'examen de ces valeurs dans la première relation, se réduit à un seul cas, eu égard au troisième principe du premier livre.

Quant à leur examen dans la seconde relation, on peut choisir ou d'essayer, en raison du deuxième principe du premier livre, l'une des valeurs de chacun des trois groupes binaires $4,14$; $5,13$; $7,11$; ou bien d'essayer, conformément au quatrième principe du même livre, une seule de ces six valeurs dans les trois relations

$$1 + \varepsilon - \varepsilon^z \equiv 0, \qquad 1 - \varepsilon + \varepsilon^z \equiv 0, \qquad -1 + \varepsilon + \varepsilon^z \equiv 0.$$

Nous ferons usage du premier mode d'examen (*).

Commençons par démontrer l'impossibilité de la relation $1 + \varepsilon + \varepsilon^z \equiv 0$ pour $z = 4$.

On trouve, en multipliant $1 + \varepsilon + \varepsilon^4 \equiv 0$ par $1 + \varepsilon^3 + \varepsilon^5 + \varepsilon^{10} + \varepsilon^{15}$, puis ajoutant de part et d'autre $\varepsilon^8 + \varepsilon^{12} + \varepsilon^{13}$, et réduisant : $\varepsilon^4 \equiv \varepsilon^8 + \varepsilon^{12} + \varepsilon^{13}$. Ce résultat devient successivement $\varepsilon^4 + \varepsilon^{16} \equiv \varepsilon^8$, $1 + \varepsilon^{12} \equiv \varepsilon^4$, et enfin $1 + \varepsilon' \equiv \varepsilon'^6$, si on pose $\varepsilon^{12} \equiv \varepsilon'$ d'où $\varepsilon \equiv \varepsilon'^{10}$, $\varepsilon^4 \equiv \varepsilon'^6$. Or l'absurdité de $1 + \varepsilon \equiv \varepsilon^z$ est démontrée pour $z = 6$.

Occupons-nous maintenant de l'impossibilité de la relation $1 + \varepsilon \equiv \varepsilon$ pour $z = 4$, $z = 5$, et $z = 7$.

Première hypothèse $z = 4$.

Si on développe la cinquième puissance de $1 + \varepsilon \equiv \varepsilon^4$, et qu'on réduise, on trouve $3\varepsilon^{13} + \varepsilon^4 \equiv -2\varepsilon^8$ (**). Cette relation rentre dans la forme générale $a\varepsilon^u + b\varepsilon^{-u} \equiv c\varepsilon^{2u}$, mais la méthode conduit à des nombres considérables qu'il importe d'éviter. Or, à cause de $\varepsilon^8 \equiv \varepsilon^4 + \varepsilon^5$, la relation $3\varepsilon^{13} + \varepsilon^4 \equiv -2\varepsilon^8$ devient $3\varepsilon^{13} + 3\varepsilon^4 + 2\varepsilon^5 \equiv 0$, et peut prendre l'une des formes $3\varepsilon^8 + 2\varepsilon^9 \equiv -3$, $3\varepsilon^{16} + 2 \equiv -3\varepsilon^8$. Ces derniers résultats peuvent servir à l'élimination de ε, avec $9\varepsilon^9 + \varepsilon^8 \equiv 4\varepsilon^{16} - 6$ obtenu par l'élévation de $3\varepsilon^{13} + \varepsilon^4 \equiv -2\varepsilon^8$ au carré. Faisant d'abord disparaître ε^{16}, on a $27\varepsilon^9 + 15\varepsilon^8 \equiv -26$; puis éliminant successivement avec $3\varepsilon^8 + 2\varepsilon^9 \equiv -3$, les deux puissances ε^8 et ε^9, on trouve les deux résultats $17\varepsilon^9 \equiv -11$, $51\varepsilon^8 \equiv -29$, qui, multipliés membre à membre, donnent $548 \equiv 0$. Or $548 = 2.2.137$, et $137 = 2.2.2.17 + 1$: il n'y a donc pas d'exception pour n plus grand que 2.

(*) Voyez la note quatrième, page 21, sur l'emploi du second mode d'examen.

(**) Voyez, pour le développement, la note cinquième, à la page 22.

Deuxième hypothèse $z = 5$.

Si on cube la relation $1 + \varepsilon \equiv \varepsilon^5$, on trouve $1 + 3\varepsilon^6 + \varepsilon^3 \equiv \varepsilon^{15}$; mais de $1 + \varepsilon \equiv \varepsilon^5$ on tire $\varepsilon^{15} + \varepsilon^{16} \equiv \varepsilon^3$: donc, en ajoutant, on aura $1 + 3\varepsilon^6 + \varepsilon^{16} \equiv 0$, et, par suite, $3\varepsilon^6 + \varepsilon^4 \equiv 0$, d'où l'on conclura $3^{17} \equiv -1$.

Pour éviter d'avoir à considérer la dix-septième puissance de 3, on déduit, de $3\varepsilon^6 + \varepsilon^4 \equiv 0$, la relation $3\varepsilon^2 \equiv -1$, d'où $9\varepsilon^4 \equiv 1$; et, après avoir mis $1 + \varepsilon \equiv \varepsilon^5$ sous la forme $\varepsilon^{16} + 1 \equiv \varepsilon^4$, on obtient, par l'élimination de ε^4 : $9\varepsilon^{16} \equiv -8$ ou $9 \equiv -8\varepsilon$, ce qui donne enfin $64\varepsilon^2 \equiv 81$. Cette dernière relation, combinée avec $3\varepsilon^2 \equiv -1$, conduit à $307 \equiv 0$ ou $2.3.3.17 + 1 \equiv 0$.

On peut obtenir la même condition numérique, comme il suit. Les formes de la proposée étant $1 + \varepsilon \equiv \varepsilon^5$, $\varepsilon^{12} + \varepsilon^{13} \equiv 1$, $\varepsilon^{16} + 1 \equiv \varepsilon^4$, il s'agit de déduire de $3\varepsilon^2 \equiv -1$ les deux puissances de ε nécessaires à l'élimination. Or la série est :

$3\varepsilon^2 \equiv -1$ ou $\varepsilon^{15} \equiv -3$; $9\varepsilon^4 \equiv 1$ ou $\varepsilon^{13} \equiv 9$; $27\varepsilon^6 \equiv -1$ ou $\varepsilon^{11} \equiv -27$; $81\varepsilon^8 \equiv 1$ ou $\varepsilon^9 \equiv 81$; $243\varepsilon^{10} \equiv -1$ ou $\varepsilon^7 \equiv -243$; $729\varepsilon^{12} \equiv 1$ ou $\varepsilon^5 \equiv 729$.

On obtient donc facilement, en combinant les trois relations $\varepsilon^{12} + \varepsilon^{13} \equiv 1$, $\varepsilon^{13} \equiv 9, 729\varepsilon^{12} \equiv 1$, la condition $5833 \equiv 0$ ou $19.307 \equiv 0$: ainsi il n'y a pas d'exception au-delà de $n = 3$.

Troisième hypothèse $z = 7$.

Si on forme la cinquième puissance de $1 + \varepsilon \equiv \varepsilon^7$, et qu'on réduise, on trouve $3\varepsilon^5 + \varepsilon^8 + 2 \equiv 0$ (*) ou $3\varepsilon^7 + \varepsilon^{10} \equiv -2\varepsilon^2$. Or, en carrant $1 - \varepsilon^7 \equiv -\varepsilon$, on trouve $1 + \varepsilon^{14} - 2\varepsilon^7 \equiv \varepsilon^2$: donc $3\varepsilon^7 + \varepsilon^{10} \equiv -2 - 2\varepsilon^{14} + 4\varepsilon^7$ ou $\varepsilon^7 - \varepsilon^{10} \equiv 2\varepsilon^{14} + 2$, résultat que l'on peut mettre sous la forme $2\varepsilon^{10} + 2\varepsilon^7 \equiv 1 - \varepsilon^3$ (**).

Élevons au carré la première de ces deux dernières relations, nous trouvons $\varepsilon^3 - 7\varepsilon^{14} \equiv 4\varepsilon^{11} + 6$; et, si on élimine alors ε^3 et ε^{14}, on ob-

---

(*) Voyez, pour ce développement, la note sixième, page 23.

(**) On pourrait appliquer la méthode générale à ces deux relations, mais on serait conduit à de très-grands nombres.

tient $3\varepsilon^{10} - 11\varepsilon^7 \equiv 8\varepsilon^{11} - 4$, qui, à cause de $8\varepsilon^{10} + 8\varepsilon^{11} \equiv 8$, prend la forme $11\varepsilon^{10} - 11\varepsilon^7 \equiv 4$. On obtient alors très-simplement $11\varepsilon^{14} \equiv -13$ ou $13\varepsilon^3 \equiv -11$, et, par suite, $13\varepsilon^{10} + 13\varepsilon^7 \equiv 12$ d'où il est facile de déduire successivement $143\varepsilon^{10} \equiv 92$, $143\varepsilon^7 \equiv 40$, et $16769 \equiv 0$. Or 16769, qui est égal à 41.409, ne saurait être un multiple de $2k\varphi n + 1$ pour $\varphi = 17$, si ce n'est pour $\theta = 409$ dans les cas de $n = 1$, $n = 2$, et de $n = 3$, à cause de $409 = 2.2.2.3.17 + 1$. Si on comparait $13\varepsilon^{10} + 13\varepsilon^7 \equiv 12$ avec $11\varepsilon^{10} - 11\varepsilon^7 \equiv 4$ mis sous la forme $33\varepsilon^{10} - 33\varepsilon^7 \equiv 12$, on obtiendrait $10\varepsilon^3 \equiv 23$ qui, combiné avec $11\varepsilon^{14} \equiv -13$, donnerait $409 \equiv 0$.

Ainsi le quatrième principe ne peut comporter pour θ, n étant plus grand que 3, d'autres exceptions que celles qui ont été indiquées au tableau du second livre pour $\varphi = 17$.

CINQUIÈME PRINCIPE.

Les relations $1 + \varepsilon + \varepsilon^z \equiv 0$, $1 + \varepsilon \equiv \varepsilon^z$ sont impossibles pour $\varphi = 19$.

L'impossibilité est démontrée par les quatre principes du second livre, savoir :

Par le premier,
pour $z = 1$ et $z = 19$;

Par le second,
pour $z = 2$, $z = 10$, et $z = 18$;

Par les deux derniers,
pour $z = 3$, $z = 7$, $z = 9$, $z = 11$, $z = 13$ et $z = 17$.

Il reste donc à démontrer l'impossibilité des deux relations dans les cas de $z = 4$, $z = 5$, $z = 6$, $z = 14$, $z = 15$, $z = 16$; et dans ceux de $z = 8$, $z = 12$.

Occupons-nous d'abord de l'impossibilité de la relation $1 + \varepsilon + \varepsilon^z \equiv 0$. D'après le troisième principe du premier livre, il suffira de considérer le cas de $z = 4$ pour les six premières valeurs de z, et celui de $z = 8$ pour les deux autres.

Première hypothèse $z \equiv 4$.

Multipliez la relation $1 + \varepsilon + \varepsilon^4 \equiv 0$ par $1 + \varepsilon^2 + \varepsilon^7 + \varepsilon^9 + \varepsilon^{14} + \varepsilon^{16}$, ajoutez de part et d'autre $\varepsilon^5_1 + \varepsilon^{12}$, et réduisez, vous trouverez $\varepsilon \equiv \varepsilon^5 + \varepsilon^{12}$ ou $1 + \varepsilon^7 \equiv \varepsilon^{15}$; et, en posant $\varepsilon^7 \equiv \varepsilon'$, d'où $\varepsilon \equiv \varepsilon'^{11}$, on aura $1 + \varepsilon' \equiv \varepsilon'^{13}$ relation qui rentre dans celles dont l'impossibilité est démontrée.

Deuxième hypothèse $z \equiv 8$.

Multiplions $1 + \varepsilon + \varepsilon^8 \equiv 0$ par $1 + \varepsilon^3 + \varepsilon^4 + \varepsilon^9 + \varepsilon^{13} + \varepsilon^{15} + \varepsilon^{17}$, ajoutons ε^7 de part et d'autre, et réduisons : nous trouvons $2\varepsilon^4 + \varepsilon^{17} \equiv \varepsilon^7$ ou $2\varepsilon^3 + \varepsilon^{16} \equiv \varepsilon^6$ relation à laquelle peut s'appliquer la méthode des séries. Pour les éviter, on a d'abord $2 + \varepsilon^{13} \equiv \varepsilon^3$; mais de $1 + \varepsilon^8 \equiv -\varepsilon$ on obtient $1 + \varepsilon^{16} + 2\varepsilon^8 \equiv \varepsilon^2$ qui, par l'élimination de ε^2 avec $2\varepsilon^8 + \varepsilon^2 \equiv \varepsilon^{11}$, donne $\varepsilon^{11} - 4\varepsilon^8 \equiv \varepsilon^{16} + 1$ dont le carré est $\varepsilon^3 + 14\varepsilon^{16} \equiv \varepsilon^{13} + 9$. Ces deux dernières relations sont également abordables par les séries, mais on peut éliminer immédiatement ε^3 et ε^{13}, si on ajoute membre à membre $2 + \varepsilon^{13} \equiv \varepsilon^3$ avec $\varepsilon^3 + 14\varepsilon^{16} \equiv \varepsilon^{13} + 9$: on trouve, en effet, $2\varepsilon^{16} \equiv 1$; et, comme on en déduit, en carrant, $4\varepsilon^{13} \equiv 1$, on peut éliminer ε^{13}. On arrive ainsi à $4\varepsilon^3 \equiv 9$, et enfin à $8 \equiv 9$ ou $1 \equiv 0$, en multipliant membre à membre cette dernière condition avec $2\varepsilon^{16} \equiv 1$.

Occupons-nous maintenant de l'impossibilité de la relation $1 + \varepsilon \equiv \varepsilon^z$ pour les valeurs $z \equiv 4$, $z \equiv 5$, $z \equiv 6$, $z \equiv 14$, $z \equiv 15$, $z \equiv 16$; $z \equiv 8$, et $z \equiv 12$.

D'après le deuxième principe du premier livre, l'examen de ces diverses hypothèses se réduit à celui des valeurs $z \equiv 4$, $z \equiv 5$, $z \equiv 6$, $z \equiv 8$.

Première hypothèse $z \equiv 4$.

Formons la sixième puissance de $1 + \varepsilon \equiv \varepsilon^4$: nous trouvons $5\varepsilon^{10} + 5\varepsilon^5 + \varepsilon^2 + 1 \equiv 0$ (*). On déduit de cette dernière relation, $5\varepsilon^{12} + 5\varepsilon^7 \equiv -\varepsilon^4 - \varepsilon^2$, $5\varepsilon^{12} + 5\varepsilon^7 \equiv -1 - \varepsilon - \varepsilon^2$, $5\varepsilon^{12} + 5\varepsilon^7 \equiv -1 - \varepsilon^5$

(*) Voyez, pour le développement, la note septième, page 23.

ou $\varepsilon^{12} + \varepsilon^{7} \equiv -5 - 5\varepsilon^{14}$. Multipliant ce dernier résultat par 5, pour éliminer le premier membre, on trouve $25\varepsilon^{14} + 24 - \varepsilon^{5} \equiv 0$.

Pour éviter les nombres considérables auxquels on serait conduit en appliquant les méthodes à la relation que nous venons d'obtenir, reprenons $5\varepsilon^{10} + 5\varepsilon^{5} + \varepsilon^{2} + 1 \equiv 0$. On trouve successivement $5\varepsilon^{11} + \varepsilon^{8} \equiv -5\varepsilon^{16} - \varepsilon^{6}$, $25\varepsilon^{3} + \varepsilon^{16} \equiv 25\varepsilon^{13} + \varepsilon^{12} + 10\varepsilon^{3} - 10$, $15\varepsilon^{3} \equiv 24\varepsilon^{13} - 10$, et $15\varepsilon^{6} \equiv 24\varepsilon^{16} - 10\varepsilon^{3}$ qui se prêterait à la méthode.

Mais, sous la forme $10\varepsilon^{10} + 15\varepsilon^{13} \equiv 24\varepsilon^{4}$, la même relation devient $25\varepsilon^{10} + 15\varepsilon^{9} \equiv 24\varepsilon^{4}$ à cause de $\varepsilon^{13} \equiv \varepsilon^{9} + \varepsilon^{10}$. On pourra donc combiner cette dernière relation avec $25\varepsilon^{14} - \varepsilon^{5} \equiv -24$ qui donne, au carré, $625\varepsilon^{9} + \varepsilon^{10} \equiv 626$ ou $625 + \varepsilon \equiv 626\varepsilon^{10}$, et $624 + \varepsilon^{4} \equiv 626\varepsilon^{10}$. L'élimination de ε^{4} donne $14976 + 15\varepsilon^{9} \equiv 14999\varepsilon^{10}$. Si maintenant nous éliminons successivement ε^{9} puis ε^{10}, nous trouvons $937439\varepsilon^{10} \equiv 936939$, $4687195\varepsilon^{9} \equiv 4687199$, et $233984974 4 \equiv 0$. Ce dernier nombre est égal à $2.2.2.2.761.192169$. Mais, pour éviter d'avoir à vérifier si 192169 est un nombre *premier;* cherchons une autre relation.

De $25\varepsilon^{14} - \varepsilon^{5} \equiv -24$, on déduit successivement $25\varepsilon^{9} - 1 \equiv -24\varepsilon^{14}$, $25\varepsilon^{5} + 25\varepsilon^{6} - 1 \equiv -24\varepsilon^{14}$, $625\varepsilon^{5} + 625\varepsilon^{6} - 25 \equiv -24\varepsilon^{5} + 576$, $649\varepsilon^{5} + 625\varepsilon^{6} \equiv 601$, $649\varepsilon^{9} + 625\varepsilon^{10} \equiv 601\varepsilon^{4}$. Mais on a trouvé $25\varepsilon^{10} + 15\varepsilon^{9} \equiv 24\varepsilon^{4}$: l'élimination de ε^{4} donnera donc $6561\varepsilon^{9} - 25\varepsilon^{10} \equiv 0$; et, comme en carrant $25\varepsilon^{14} - \varepsilon^{5} \equiv -24$, on a déjà obtenu $625\varepsilon^{9} + \varepsilon^{10} \equiv 626$, on arrive aux résultats successifs $15625\varepsilon^{9} + 25\varepsilon^{10} \equiv 15650$, $22186\varepsilon^{9} \equiv 15650$ ou $11093\varepsilon^{9} \equiv 7825$, $11093\varepsilon^{10} \equiv 2053593$, et $1594631057 6 \equiv 0$. Or $15946310576 \equiv 2.2.2.2.7.761.187093$, et 187093 est *premier* avec 192169. Ainsi il est clair qu'on ne saurait satisfaire aux deux conditions numériques précédentes, pour aucun facteur *premier* $2k\varphi n + 1$, si ce n'est pour le facteur $\theta = 761$; et, comme $761 = 2.2.2.5.19 + 1$, cela ne serait possible pour n plus grand que 2, que dans un seul cas, celui de $n = 5$.

Deuxième hypothèse $z = 5$.

Développons la quatrième puissance de $1 + \varepsilon \equiv \varepsilon^{5}$: nous trouvons successivement $\varepsilon^{4} + 4\varepsilon^{3} + 6\varepsilon^{2} + 3\varepsilon + 1 \equiv 0$, $\varepsilon^{8} + 3\varepsilon^{7} + 3\varepsilon^{6} + 1 \equiv 0$,

$3\varepsilon^{11}+\varepsilon^{8}+1\equiv 0$. Cette dernière relation est de la forme $a\varepsilon^{u}+\varepsilon^{-u}\equiv e$; et, si l'on forme la série des puissances impaires, à l'aide de *l'échelle de relation*, $9\varepsilon^{3}+\varepsilon^{16}\equiv -5$, et -9, les seconds membres des puissances

1, 3, 5, 7, 9, 11, 13, 15, 17, et 19,

seront

-1, 8, -31, 83, -136, -67, 1559, -7192, 21929, et -44917.

En conséquence il vient $3^{19}+1\equiv-44917$ ou $1162261467+1\equiv-44917$ d'où il résulte $1162306385\equiv 0$. Ce dernier nombre est égal à $5.647.359291$; et, pour ne pas avoir à nous occuper du troisième facteur, nous chercherons une autre relation.

De $3\varepsilon^{11}+\varepsilon^{8}\equiv-1$ élevé au cube, on déduit $27\varepsilon^{14}+\varepsilon^{5}\equiv 8$ ou $27+\varepsilon^{10}\equiv 8\varepsilon^{5}$, $27+\varepsilon^{10}\equiv 8+8\varepsilon$ ou $\varepsilon^{10}-8\varepsilon\equiv-19$, et par conséquent $19\varepsilon^{9}-8\varepsilon^{10}\equiv-1$. Mais le carré de $27\varepsilon^{14}+\varepsilon^{5}\equiv 8$ est $729\varepsilon^{9}+\varepsilon^{10}\equiv 10$: il reste donc à éliminer ε^{10} puis ε^{9}, ce qui donne $5851\varepsilon^{9}\equiv 79$, $5851\varepsilon^{10}\equiv 919$, et $34161600\equiv 0$. Ce dernier nombre est égal à $2.2.2.2.2.2.3.5.5.11.647$; et, comme $647=2.17.19+1$, il est évident que, n ne pouvant être égal à 1, la condition est absurde, excepté pour le seul facteur 647 dans le cas de $n=17$ et de $k=1$.

Troisième hypothèse $z=6$.

La relation $1+\varepsilon\equiv\varepsilon^{6}$ donne, au cube, $\varepsilon^{3}+3\varepsilon^{2}+3\varepsilon+1\equiv\varepsilon^{18}$. On en déduit $\varepsilon^{4}+3\varepsilon^{3}+3\varepsilon^{2}+\varepsilon\equiv 1$, $\varepsilon^{4}+3\varepsilon^{8}\equiv 1-\varepsilon$, puis, en carrant, $\varepsilon^{8}+9\varepsilon^{16}+6\varepsilon^{12}\equiv(1+\varepsilon)^{2}-4\varepsilon$, $\varepsilon^{8}+9\varepsilon^{16}+5\varepsilon^{12}\equiv-4\varepsilon$, $5\varepsilon^{15}+4\varepsilon^{4}\equiv-\varepsilon^{11}-9$.

Cette relation peut donner une série, mais elle conduit rapidement à des nombres considérables. Il faut donc trouver une seconde relation qui puisse se combiner avec celle-là. Or, si on carre deux fois de suite $\varepsilon^{9}+\varepsilon^{16}\equiv\varepsilon^{15}$, on trouve successivement $\varepsilon^{18}+\varepsilon\equiv\varepsilon^{11}-2$, $\varepsilon^{17}+\varepsilon^{2}\equiv\varepsilon^{3}+2-4\varepsilon^{11}$. Mais on a $\varepsilon^{3}\equiv\varepsilon^{17}+\varepsilon^{16}$, $\varepsilon^{15}+\varepsilon^{16}\equiv\varepsilon^{2}$: donc, en ajoutant membre à membre ces trois dernières relations, on obtiendra $\varepsilon^{15}\equiv 2-4\varepsilon^{11}$, c'est-à-dire $2\varepsilon^{4}-4\varepsilon^{15}\equiv 1$.

Ce résultat suffirait pour conduire au but, mais on évitera des nombres considérables, en le combinant avec $4\varepsilon^4 + 5\varepsilon^{15} \equiv -\varepsilon^{11} - 9$. En effet l'élimination de ε^4 donne $13\varepsilon^{15} \equiv -\varepsilon^{11} - 11$ ou $\varepsilon^{15} + 11\varepsilon^4 \equiv -13$. En continuant le calcul d'élimination, on arrive successivement à $46\varepsilon^4 \equiv -51$, $46\varepsilon^{15} \equiv -37$, et, par suite, à $229 \equiv 0$, résultat absurde, dans l'hypothèse de $\varphi = 19$, excepté pour $\theta = 229$ dans les cas de $n = 1$, $n = 2$, $n = 3$, puisque 229, qui est *premier*, est égal à $2.2.3.19 + 1$. Ce facteur θ fait déjà partie de ceux qui échappent à notre analyse, pour les mêmes valeurs de φ, de n et de k.

Quatrième et dernière hypothèse $z = 8$.

Formons la cinquième puissance de $1 + \varepsilon \equiv \varepsilon^8$: nous trouvons, après avoir réduit, $3\varepsilon^6 + 2\varepsilon^8 \equiv 0$ (*). Cette relation suffirait, puisqu'elle donne immédiatement la condition numérique $3^{19} \equiv -2^{19}$, et par conséquent $1162785755 \equiv 0$ ou $232557151 \equiv 0$, après la suppression du facteur 5. Mais ce dernier nombre est égal à 419.555029; et, pour éviter l'appréciation du second facteur, nous allons chercher à éliminer, avec l'une des trois formes de la proposée,

$$1 + \varepsilon \equiv \varepsilon^8, \quad \varepsilon^{18} + 1 \equiv \varepsilon^7, \quad \varepsilon^{11} + \varepsilon^{12} \equiv 1,$$

en formant, à l'aide de $3\varepsilon^6 + 2\varepsilon^8 \equiv 0$, les puissances de ε nécessaires à cette élimination. On a, pour ces puissances,

$$\begin{array}{llll} 2\varepsilon^2 \equiv -3 & \text{ou} \quad 3\varepsilon^{17} \equiv -2; & 4\varepsilon^4 \equiv 9 & \text{ou} \quad 9\varepsilon^{15} \equiv 4; \\ 8\varepsilon^6 \equiv -27 & \text{ou} \quad 27\varepsilon^{13} \equiv -8; & 16\varepsilon^8 \equiv 81 & \text{ou} \quad 81\varepsilon^{11} \equiv 16; \\ 32\varepsilon^{10} \equiv -243 & \text{ou} \quad 243\varepsilon^9 \equiv -32; & 64\varepsilon^{12} \equiv 729 & \text{ou} \quad 729\varepsilon^7 \equiv 64. \end{array}$$

On peut alors, pour éliminer, prendre les trois relations

$$81\varepsilon^{11} \equiv 16, \quad 64\varepsilon^{12} \equiv 729, \quad \varepsilon^{11} + \varepsilon^{12} \equiv 1,$$

lesquelles conduisent facilement à $54889 \equiv 0$. Or $54889 = 131.419$.

On peut arriver plus promptement encore. Prenons, en effet, dans la série précédente, le terme $16\varepsilon^8 \equiv 81$ pour éliminer avec $1 + \varepsilon \equiv \varepsilon^8$: nous trouvons $16 + 16\varepsilon \equiv 81$ ou $16\varepsilon \equiv 65$, et $16\varepsilon^2 \equiv 65\varepsilon$ résultat d'où l'on peut faire disparaître ε^2, à l'aide de $2\varepsilon^2 \equiv -3$ ou $16\varepsilon^2 \equiv -24$. On

(*) Voyez, pour le développement, la note huitième, page 24.

obtient alors $65\varepsilon \equiv -24$ qui, combiné avec $16\varepsilon \equiv 65$, donne $4609 \equiv 0$. Or $4609 = 11.419$: donc 419, qui est *premier* et égal à $2.11.19+1$, est le seul facteur θ qui échappe à la démonstration.

Ainsi, en supposant n plus grand que 3, on voit que le cinquième principe est le seul qui donne lieu à de nouvelles exceptions; et les facteurs θ à ajouter au tableau du second livre sont $\theta = 761$ pour $n = 5$, $k = 4$; $\theta = 647$ pour $n = 17$, $k = 1$; $\theta = 419$ pour $n = 11$, $k = 1$, tous trois relatifs à ce dernier cas de $\varphi = 19$.

RÉSUMÉ DE LA PREMIÈRE PARTIE.

Les principes du premier livre ont rendu praticable l'examen des relations $\varepsilon^x + \varepsilon^y + \varepsilon^z \equiv 0$, $\varepsilon^x + \varepsilon^y \equiv \varepsilon^z$, en faisant dépendre la vérification de tous les cas qu'elles comprennent, de celle d'un petit nombre d'entre eux auxquels se ramènent tous les autres. Tels qu'ils sont, et sans qu'il soit nécessaire d'attendre qu'on découvre des formules qui circonscrivent encore davantage le champ de la question, ils rendent le problème abordable, même pour les valeurs de φ au delà de 19. Il n'y a rien du reste à ajouter à leur généralité qui en fait, par cela même, notre meilleure œuvre.

Les principes du second livre démontrent, pour certaines valeurs de z, l'impossibilité des relations $1 + \varepsilon + \varepsilon^z \equiv 0$, $1 + \varepsilon \equiv \varepsilon^z$ auxquelles peuvent toujours se ramener les formules générales $\varepsilon^x + \varepsilon^y + \varepsilon^z \equiv 0$. $\varepsilon^x + \varepsilon^y \equiv \varepsilon^z$. Le premier la démontre pour $z = 1$ et $z = \varphi$; le second pour $z = 2$, $z = \frac{\varphi + 1}{2}$, $z = \varphi - 1$; enfin les deux derniers pour les valeurs

$$z = 3,\quad z = \varphi - 2,\quad z = \frac{m\varphi + 1}{3},\quad z = \frac{m\varphi + 2}{3},\quad z = \frac{\varphi - 1}{2},\quad z = \frac{\varphi + 3}{2}.$$

Là se sont arrêtés nos travaux dans cette voie, mais la route est ouverte, et ce serait un précieux labeur que celui qui étendrait la démonstration à quelques-uns des systèmes suivants, quand ce ne serait qu'au premier de ceux-ci, savoir :

$$z=4,\quad z=\varphi-3,\quad z=\frac{m\varphi+1}{4},\quad z=\frac{m\varphi+3}{4},\quad z=\frac{m\varphi-1}{3},\quad z=\frac{m\varphi+4}{3}.$$

Enfin, en appliquant, dans ce troisième livre, les principes des deux premiers, nous avons établi que les relations $1+\varepsilon+\varepsilon^{x}\equiv 0$, $1+\varepsilon\equiv\varepsilon^{x}$ sont impossibles, relativement aux nombres *premiers* θ de la forme $2k\varphi n+1$, quel que soit k, pour les valeurs

$$\varphi=5,\quad \varphi=7,\quad \varphi=11,\quad \varphi=13,\quad \varphi=17,\quad \text{et}\quad \varphi=19,$$

n étant un nombre *premier* quelconque plus grand que 2.

Si on prend n plus grand que 3, le nombre déjà fort restreint des facteurs θ qui échappent à notre analyse, se réduit au tableau que nous avons donné dans le second livre, pourvu qu'on y adjoigne les trois exceptions que nous avons données pour le cas de $\varphi=19$.

Avec les mêmes moyens et des artifices semblables, il suffirait sans doute de quelques efforts de plus pour pousser, au delà de $\varphi=19$, les principes de ce dernier livre; et ce serait peut-être ce qu'il y aurait de mieux à faire pour préparer la découverte de la solution générale.

Notre seconde partie, qui comprendra quelques autres principes, établira les progrès que nous avons fait faire à la question depuis l'état où Legendre l'avait laissée en 1825.

NOTES DU SIXIÈME MÉMOIRE.

PREMIÈRE NOTE (*). L'impossibilité de la relation $1 + \varepsilon + \varepsilon^z \equiv 0$, dans le cas de $\varphi = 11$, lorsque z a l'une des valeurs 3, 4, 5, 7, 8, et 9, peut se démontrer par un procédé particulier qui n'exige pas la connaissance des principes généraux que nous avons donnés. Exposons le pour $z = 3$.

Si on multiplie $1 + \varepsilon + \varepsilon^3 \equiv 0$ par $1 + \varepsilon^4 + \varepsilon^8 + \varepsilon^{10}$, et qu'on ajoute de part et d'autre ε^6, on obtient, après réduction, $2\varepsilon^{11} \equiv \varepsilon^6$ d'où $2^{11} \equiv 1$ résultat dont l'impossibilité s'établirait comme à la page 4 du second livre (**).

Quant à l'absurdité de la relation $1 + \varepsilon \equiv \varepsilon^z$ pour les mêmes valeurs de z, nous la démontrerons seulement pour $z = 3$, $z = 4$, $z = 5$, les mêmes procédés réussissant pour les autres valeurs de z, et, d'ailleurs, le second principe du premier livre, facile à établir, nous dispensant de nous livrer à ce travail.

(*) Cette note a été annoncée, à la page 4.

(**) Pour appliquer le même procédé aux autres valeurs de z, il faudra multiplier

$1 + \varepsilon + \varepsilon^4 \equiv 0$ par $1 + \varepsilon^2 + \varepsilon^5 + \varepsilon^6$; $1 + \varepsilon + \varepsilon^5 \equiv 0$ par $1 + \varepsilon^2 + \varepsilon^3 + \varepsilon^9$;
$1 + \varepsilon + \varepsilon^7 \equiv 0$ par $1 + \varepsilon^2 + \varepsilon^4 + \varepsilon^{10}$; $1 + \varepsilon + \varepsilon^8 \equiv 0$ par $1 + \varepsilon^2 + \varepsilon^7 + \varepsilon^8$;
$1 + \varepsilon + \varepsilon^9 \equiv 0$ par $1 + \varepsilon^4 + \varepsilon^5 + \varepsilon^7$;

et réduire après avoir complété la série, ce qui conduira à $2^{11} \equiv 1$.

Pour les trois autres valeurs de z, savoir 2, 6 et 10, on trouvera $2 \equiv 0$, si on multiplie $1 + \varepsilon + \varepsilon^6 \equiv 0$ par $1 + \varepsilon^2 + \varepsilon^4$; $1 + \varepsilon + \varepsilon^2 \equiv 0$ par $1 + \varepsilon^3 + \varepsilon^6$; $1 + \varepsilon + \varepsilon^{10} \equiv 0$ par $\varepsilon + \varepsilon^4 + \varepsilon^7$.

Première hypothèse $z = 3$. Si on forme la quatrième puissance de $1 + \varepsilon \equiv \varepsilon^3$, et qu'on réduise, on trouve $\varepsilon^{10} + \varepsilon^7 + \varepsilon^4 + \varepsilon^{11} \equiv 0$, résultat qui, à cause de $\varepsilon^{10} + \varepsilon^{11} \equiv \varepsilon^2$, devient $\varepsilon^2 + \varepsilon^4 + \varepsilon^7 \equiv 0$.

Deuxième hypothèse $z = 4$. Le cube de $1 + \varepsilon \equiv \varepsilon^4$, donne, après réduction, $\varepsilon^9 + \varepsilon^5 + 1 \equiv 0$.

Troisième hypothèse $z = 5$. En formant la huitième puissance de $1 + \varepsilon \equiv \varepsilon^5$, on trouve $\varepsilon^8 + \varepsilon^{11} + \varepsilon^4 + \varepsilon^8 + \varepsilon + \varepsilon^5 + \varepsilon^9 + \varepsilon^2 \equiv 0$. Ce résultat se réduit d'abord à $\varepsilon^2 + \varepsilon^5 + \varepsilon^9 + \varepsilon^8 + \varepsilon^2 \equiv 0$, à cause des diverses relations $\varepsilon^8 + \varepsilon^9 \equiv \varepsilon^2$, $\varepsilon^{11} + \varepsilon \equiv \varepsilon^5$, $\varepsilon^4 + \varepsilon^5 \equiv \varepsilon^9$; il devient définitivement $3\varepsilon^2 + \varepsilon^5 \equiv 0$.

Les résultats, qui se rapportent aux deux premières hypothèses, rentrent dans la forme générale $\varepsilon^x + \varepsilon^y + \varepsilon^z \equiv 0$ dont l'impossibilité est acquise; pour le troisième $3\varepsilon^2 + \varepsilon^5 \equiv 0$, il conduit à $3^{11} \equiv -1$ ou $177148 \equiv 0$. Or 177148, qui est égal à $2.2.67.661$, ne saurait être un multiple de $2k\varphi n + 1$, pour $\varphi = 11$, qu'en supposant $n = 1$, $n = 2$, $n = 3$ ou $n = 5$. Pour le premier et le troisième cas, il y aurait deux facteurs $\theta = 67$, $\theta = 661$ qui resteraient exceptés; quant au second et au quatrième, l'absurdité ne serait contestable que pour un seul facteur $\theta = 661$. On a, en effet, $67 = 2.3.11 + 1$, et $661 = 2.2.3.5.11 + 1$.

Mais on peut faire disparaître cette dernière exception. Dans ce but, mettons $3\varepsilon^2 + \varepsilon^5 \equiv 0$ sous la forme $\varepsilon^3 \equiv -3$, et formons les puissances de cette expression, afin de trouver les éléments pour éliminer avec $1 + \varepsilon \equiv \varepsilon^5$. Ces puissances sont $\varepsilon^6 \equiv 9$ ou $9\varepsilon^5 \equiv 1$; $\varepsilon^9 \equiv -27$; $\varepsilon \equiv 81 \ldots$; et les valeurs numériques de $9\varepsilon^5$ et de ε conduisent facilement à $737 \equiv 0$. Or $737 = 11.67$: il n'y a donc pas d'exception pour n plus grand que 3.

Nous mentionnerons, en terminant cette note, deux formules qui donnent tout réduit le résultat auquel conduit $(1 + \varepsilon)^m \equiv \varepsilon^{mz}$, toutes les fois que m satisfait à l'une des deux conditions $mz = \varphi l + 1$, $mz = \varphi l + m - 1$. Cette réduction offre cela de remarquable que les divers coefficients du résultat sont tous égaux à l'unité.

Ces formules, qui sont

$$\varepsilon^{(m-1)z+1} + \varepsilon^{(m-2)z+1} + \varepsilon^{(m-3)z+1} + \ldots\ldots + \varepsilon^{2z+1} + \varepsilon^{z+1} + 1 \equiv 0,$$

$$\varepsilon^{m} + \varepsilon^{z+m-2} + \varepsilon^{2z+m-3} + \ldots + \varepsilon^{(m-2)z+1} + \varepsilon^{(m-1)z} \equiv 0,$$

donnent immédiatement, pour $\varphi = 11$, les développements précédents $(1+\varepsilon)^4 \equiv \varepsilon^{3.4}$, $(1+\varepsilon)^3 \equiv \varepsilon^{4.3}$, $(1+\varepsilon)^8 \equiv \varepsilon^{5.8}$, la condition $mz = \varphi l + 1$ étant satisfaite par les deux premières relations, et la troisième satisfaisant à la condition $mz = \varphi l + m - 1$.

Ces expressions peuvent se vérifier à posteriori, soit généralement, soit en attribuant à m et à z des valeurs particulières. Mais on peut les déduire directement de $1 + \varepsilon \equiv \varepsilon^z$, sans recourir au binôme de Newton.

En effet, pour le premier cas $mz \equiv 1$, mettons $1 + \varepsilon \equiv \varepsilon^z$ ou $1 + \varepsilon^{mz} \equiv \varepsilon^z$ sous la forme $1 + \varepsilon^z(\varepsilon^{(m-1)z} - 1) \equiv 0$, et divisons le facteur binôme par $\varepsilon^z - 1$, avec le soin de multiplier son coefficient ε^z par ε, puisque $\varepsilon^z - 1 \equiv \varepsilon$: nous trouvons

$$1 + \varepsilon^{z+1}\left(\varepsilon^{(m-2)z} + \varepsilon^{(m-3)z} + \ldots + \varepsilon^{z} + 1\right) \equiv 0,$$

ou

$$\varepsilon^{(m-1)z+1} + \varepsilon^{(m-2)z+1} + \ldots + \varepsilon^{2z+1} + \varepsilon^{z+1} + 1 \equiv 0.$$

Pour le deuxième cas $mz \equiv m - 1$, on peut mettre $1 + \varepsilon \equiv \varepsilon^z$ sous la forme $\varepsilon^{m-1} + \varepsilon^{m} \equiv \varepsilon^{z+m-1}$ ou $\varepsilon^{m} + \varepsilon^{mz} \equiv \varepsilon^{z+m-1}$, et $\varepsilon^{m} + \varepsilon^{z+m-1}(\varepsilon^{(m-1)(z-1)} - 1) \equiv 0$. Si alors on divise le facteur binôme par $\varepsilon^{z-1} - 1$, et qu'on multiplie son coefficient par ε^{-1}, à cause de $\varepsilon^{z-1} - 1 \equiv \varepsilon^{-1}$, on trouvera

$$\varepsilon^{m} + \varepsilon^{z+m-2}\left(\varepsilon^{(m-2)(z-1)} + \varepsilon^{(m-3)(z-1)} + \ldots + \varepsilon^{2(z-1)} + \varepsilon^{z-1} + 1\right) \equiv 0,$$

ou, en renversant l'ordre des termes dans le produit effectué,

$$\varepsilon^{m} + \varepsilon^{z+m-2} + \varepsilon^{2z+m-3} + \ldots + \varepsilon^{(m-2)z+1} + \varepsilon^{(m-1)z} \equiv 0.$$

Deuxième note (*). Les artifices particuliers peuvent dispenser des principes 3 et 4 du second livre.

Ainsi l'impossibilité de $1 + \varepsilon + \varepsilon^z \equiv 0$, pour l'une des valeurs 3, 5, 6,

---

(*) Cette note a été annoncée, à la page 5.

8, 9, et 11, dans le cas de $\varphi = 13$, dépendant de celle de $1 + \varepsilon + \varepsilon^3 \equiv 0$, peut se démontrer comme il suit :

En cubant $1 + \varepsilon^3 \equiv -\varepsilon$, on obtient $\varepsilon^9 - 3\varepsilon^4 \equiv -(\varepsilon^3 + 1)$ ou $\varepsilon^9 - 3\varepsilon^4 \equiv \varepsilon$. Si on cube de nouveau, on arrive à $\varepsilon - 27\varepsilon^{12} \equiv \varepsilon^3 + 9\varepsilon$ d'où $7\varepsilon + 27\varepsilon^{12} \equiv 1$, c'est-à-dire $7\varepsilon^2 + 27 \equiv \varepsilon$. Éliminant alors ε^2 avec $\varepsilon^2 + 1 \equiv -\varepsilon^{12}$, on trouve $20 \equiv \varepsilon + 7\varepsilon^{12}$ ou $20\varepsilon \equiv \varepsilon^2 + 7$. Éliminant de nouveau ε^2, on obtient $20\varepsilon \equiv 6 - \varepsilon^{12}$ résultat qu'il faut combiner avec $20 \equiv 7\varepsilon^{12} + \varepsilon$, pour faire disparaître successivement ε^{12} et ε. Multipliant alors entre elles les deux relations $139\varepsilon \equiv 22$, $139\varepsilon^{12} \equiv 394$ auxquelles on est conduit, on a $10653 \equiv 0$. Or 10653, qui est égal à $3.53.67$, ne saurait être un multiple de $2k\varphi n + 1$ pour $\varphi = 13$, qu'en posant $n = 1$ ou $n = 2$ et $\theta = 53$. Nous sommes arrivé à ce même facteur 53, par une voie bien différente, à la page 12 du second livre.

Quant à l'absurdité de $1 + \varepsilon \equiv \varepsilon^z$ pour les mêmes valeurs de z, il suffit de la démontrer pour $z = 3$, $z = 5$, et $z = 6$.

Première hypothèse $z = 3$. Nous avons deux moyens.

Premier moyen. Formez la puissance cinquième de $1 + \varepsilon \equiv \varepsilon^3$, et réduisez : vous trouverez $\varepsilon^3 + \varepsilon^8 + \varepsilon^{10} \equiv 0$ ou $1 + \varepsilon^5 + \varepsilon^7 \equiv 0$ (*). Ce dernier résultat devient $1 + \varepsilon' + \varepsilon'^4 \equiv 0$, si on pose $\varepsilon^5 \equiv \varepsilon'$ d'où $\varepsilon \equiv \varepsilon'^8$. Si on posait $\varepsilon^7 \equiv \varepsilon'$ d'où $\varepsilon \equiv \varepsilon'^2$, on obtiendrait $1 + \varepsilon' + \varepsilon'^{10} \equiv 0$. Or on démontrerait l'impossibilité de ces relations, comme à la page 5.

Le même procédé réussit pour $1 + \varepsilon \equiv \varepsilon^{11}$, parce que $\varepsilon^{11.5} \equiv \varepsilon^3$.

Deuxième moyen. En partant de $1 + \varepsilon \equiv \varepsilon^3$, on pose $\varepsilon \equiv \varepsilon'^7$ d'où $\varepsilon^3 \equiv \varepsilon'^8$, ce qui donne $1 + \varepsilon^7 \equiv \varepsilon^8$, si on supprime l'accent, ou $1 \equiv \varepsilon^5 + \varepsilon^{12}$. Si alors on ajoute la série dans le premier membre, et qu'on réduise, on trouve

---

(*) Voici le développement :

$$\varepsilon^5 + 5\varepsilon^4 + 10\varepsilon^3 + 9\varepsilon^2 + 5\varepsilon + 1 \equiv 0, \quad \varepsilon^7 + 4\varepsilon^6 + 6\varepsilon^5 + 3\varepsilon^4 + \varepsilon^3 + \varepsilon \equiv 0,$$
$$\varepsilon^9 + 3\varepsilon^8 + 3\varepsilon^7 + \varepsilon^3 + \varepsilon \equiv 0, \quad \varepsilon^{11} + 2\varepsilon^{10} + \varepsilon^7 + \varepsilon^3 + \varepsilon \equiv 0,$$
$$1 + \varepsilon^{10} + \varepsilon^7 + \varepsilon^3 + \varepsilon \equiv 0, \quad 1 + \varepsilon + \varepsilon^3 + \varepsilon^4 + \varepsilon^5 + \varepsilon^{10} \equiv 0,$$
$$1 + \varepsilon + \varepsilon^5 + \varepsilon^6 + \varepsilon^{10} \equiv 0, \quad \varepsilon^3 + \varepsilon^8 + \varepsilon^{10} \equiv 0.$$

$$1 + 1 + \varepsilon + \varepsilon^2 + \varepsilon^3 + \varepsilon^4 + \varepsilon^6 + \varepsilon^7 + \varepsilon^8 + \varepsilon^9 + \varepsilon^{10} + \varepsilon^{11} \equiv 0,$$

ou

$$(1 + \varepsilon + \varepsilon^4)(1 + \varepsilon^2 + \varepsilon^7 + \varepsilon^9) \equiv 0,$$

résultat qui ne peut avoir lieu que si l'on a $1 + \varepsilon^2 + \varepsilon^7 + \varepsilon^9 \equiv 0$, puisque $1 + \varepsilon + \varepsilon^4 \equiv 0$ est démontré absurde. Or $1 + \varepsilon^2 + \varepsilon^7 + \varepsilon^9 \equiv 0$ revient à $(1 + \varepsilon^2)(1 + \varepsilon^7) \equiv 0$, et est par conséquent impossible.

Si on partait de $1 + \varepsilon \equiv \varepsilon^{11}$, il faudrait poser $\varepsilon \equiv \varepsilon'^6$, et on arriverait au même résultat.

Pour avoir la clef de ce calcul, il faut multiplier $1 + \varepsilon + \varepsilon^4 \equiv 0$ par $1 + \varepsilon^2 + \varepsilon^7 + \varepsilon^9$, ce qui donne, après réduction, $1 \equiv \varepsilon^5 + \varepsilon^{12}$ relation qui peut être mise sous la forme $\varepsilon^8 \equiv 1 + \varepsilon^7$ ou $\varepsilon \equiv \varepsilon^6 + 1$. Or le premier résultat devient $1 + \varepsilon' \equiv \varepsilon'^3$, si on pose $\varepsilon^7 \equiv \varepsilon'$; et le second devient $1 + \varepsilon' \equiv \varepsilon'^{11}$, si on fait $\varepsilon^6 \equiv \varepsilon'$.

Deuxième hypothèse $z = 5$. Si on cube $1 + \varepsilon \equiv \varepsilon^5$, on trouve $\varepsilon^3 + 2\varepsilon^2 + 3\varepsilon + 1 \equiv 0$, $\varepsilon^3 + 2\varepsilon^6 + \varepsilon^5 \equiv 0$, $\varepsilon^3 + \varepsilon^6 + \varepsilon^{10} \equiv 0$, $1 + \varepsilon^3 + \varepsilon^7 \equiv 0$ qui devient $1 + \varepsilon' + \varepsilon'^{11} \equiv 0$, si on pose $\varepsilon^3 \equiv \varepsilon'$, et $1 + \varepsilon' + \varepsilon'^6 \equiv 0$ si on fait $\varepsilon^7 \equiv \varepsilon'$, formes dont l'absurdité est acquise.

Troisième hypothèse $z = 6$. Le cube de $1 + \varepsilon \equiv \varepsilon^6$ donne $1 + \varepsilon^3 \equiv \varepsilon^5 - 3\varepsilon^7$; mais $3\varepsilon^7 + 3\varepsilon^8 \equiv 3$: donc $4 + \varepsilon^3 \equiv \varepsilon^5 + 3\varepsilon^8$ ou $4\varepsilon^5 + \varepsilon^8 \equiv \varepsilon^{10} + 3$. Ainsi, en carrant, on aura successivement $10\varepsilon^{10} + \varepsilon^3 \equiv \varepsilon^7 + 1$, $98\varepsilon^7 + \varepsilon^6 \equiv \varepsilon + 1 - 20$ ou $49\varepsilon^7 \equiv -10$, puis $49\varepsilon^6 \equiv -10\varepsilon^{12}$.

Éliminant ε^{12} avec $\varepsilon^6 + \varepsilon^7 \equiv \varepsilon^{12}$, on trouve $59\varepsilon^6 + 10\varepsilon^7 \equiv 0$.

Éliminant ε^7, on a $49 . 59\varepsilon^6 \equiv 100$, et, par suite, $49 . 49 . 59 \equiv -1000$ ou $142659 \equiv 0$. Or ce nombre est égal à $3.3.11.11.131$, et ne saurait être un multiple de $2k\varphi n + 1$, pour $\varphi = 13$ (n ne pouvant être égal à 1), que si on suppose $n = 5$; encore pour cette valeur de n, un seul facteur serait excepté, savoir $\theta = 131$.

Par ces moyens et d'autres semblables, nous étions parvenu à démontrer l'impossibilité des relations $1 + \varepsilon + \varepsilon^z \equiv 0$, $1 + \varepsilon \equiv \varepsilon^z$ pour $\varphi = 11$ et pour $\varphi = 13$, avant d'avoir découvert les principes généraux exposés dans cet ouvrage. Nous avons tenu à conserver ces démonstrations, par le souvenir des efforts qu'ils nous ont coûtés, et pour ne rien perdre des procédés tant que le problème n'est pas résolu.

Troisième note (*). Voici le développement de la septième puissance de $1+\varepsilon \equiv \varepsilon^4$, dans l'hypothèse de $\varphi = 13$. Les réductions s'opèrent d'une relation à l'autre, et s'appuient sur les diverses formes de $1+\varepsilon \equiv \varepsilon^4$.

$$\begin{array}{l}
\varepsilon^7 + 7\varepsilon^6 + 21\varepsilon^5 + 35\varepsilon^4 + 35\varepsilon^3 + 21\varepsilon^2 + 7\varepsilon + 1 \equiv \varepsilon^2;\\
\varepsilon^{10} + 6\varepsilon^9 + 15\varepsilon^8 + 20\varepsilon^7 + 15\varepsilon^6 + 5\varepsilon^5 + \varepsilon^4 + \varepsilon \equiv 0;\\
1 + 5\varepsilon^{12} + 10\varepsilon^{11} + 10\varepsilon^{10} + 5\varepsilon^9 + \varepsilon^4 + \varepsilon \equiv 0;\\
\varepsilon^3 + 4\varepsilon^2 + 6\varepsilon + 4 + \varepsilon^9 + \varepsilon^4 + \varepsilon \equiv 0;\\
\varepsilon^6 + 3\varepsilon^5 + 3\varepsilon^4 + 1 + \varepsilon^9 + \varepsilon^4 + \varepsilon \equiv 0;\\
\varepsilon^9 + 2\varepsilon^8 + \varepsilon^4 + 1 + \varepsilon^9 + \varepsilon^4 + \varepsilon \equiv 0;\\
\varepsilon^{12} + \varepsilon^8 + \varepsilon^4 + 1 + \varepsilon^9 + \varepsilon^4 + \varepsilon \equiv 0.
\end{array}$$

Quatrième note (**). Le second mode d'examen conduit également au but, et donne lieu à des calculs assez heureux. Nous allons donner ces calculs.

Il s'agit d'examiner, dans l'hypothèse de $\varphi = 17$, la possibilité des relations

$$1+\varepsilon \equiv \varepsilon^4, \quad \varepsilon - 1 \equiv \varepsilon^4, \quad \varepsilon - 1 \equiv -\varepsilon^4.$$

La première de ces relations n'est autre que celle dont nous nous sommes occupé, à la page 7. Restent donc seulement les deux autres relations qui correspondent, la première, aux deux formes $1+\varepsilon \equiv \varepsilon^5$, $1+\varepsilon \equiv \varepsilon^{13}$, la seconde, aux deux formes $1+\varepsilon \equiv \varepsilon^7$, $1+\varepsilon \equiv \varepsilon^{11}$, déjà examinées les unes et les autres, aux pages 8 et 9 (***).

1° Si on développe la cinquième puissance de $\varepsilon - 1 \equiv \varepsilon^4$, on trouve

$$\begin{array}{l}
\varepsilon^5 - 5\varepsilon^4 + 9\varepsilon^3 - 10\varepsilon^2 + 5\varepsilon - 1 \equiv 0;\\
\varepsilon^8 - \varepsilon^4 - 3\varepsilon^7 + 6\varepsilon^6 - 4\varepsilon^5 + \varepsilon^4 \equiv 0;\\
\varepsilon^8 - \varepsilon^4 - 3\varepsilon^{10} + 3\varepsilon^9 - \varepsilon^8 \equiv 0;\\
-\varepsilon^4 - 3\varepsilon^{13} \equiv 0;
\end{array}$$

ce qui donne, comme à la page 8, $3^{17} \equiv -1$. Mais on évite facilement la considération de cette puissance. On a, en effet, successivement

(*) Cette note a été annoncée, à la page 5.

(**) Cette note a été annoncée, à la page 7.

(***) On passe, en effet, de $\varepsilon - 1 \equiv \varepsilon^4$ à $1+\varepsilon' \equiv \varepsilon'^{13}$ en posant $\varepsilon^4 \equiv \varepsilon'$, et de $\varepsilon - 1 \equiv -\varepsilon^4$ mis sous la forme $1+\varepsilon^3 \equiv \varepsilon^{16}$, à $1+\varepsilon' \equiv \varepsilon'^{11}$, en posant $\varepsilon^3 \equiv \varepsilon'$. On déduirait aussi facilement des proposées, les formes $1+\varepsilon \equiv \varepsilon^5$, $1+\varepsilon \equiv \varepsilon^7$.

$3\varepsilon^9 \equiv -1$ ou $\varepsilon^8 \equiv -3$; et $9\varepsilon \equiv 1$. Ainsi $9\varepsilon - 9 \equiv 9\varepsilon^4$ deviendra $9\varepsilon^4 \equiv -8$, et par conséquent $81\varepsilon^8 \equiv 64$ qui, comparé à $81\varepsilon^8 \equiv -243$, conduira à $307 \equiv 0$.

2° Si on forme la sixième puissance de $\varepsilon - 1 \equiv -\varepsilon^4$, on peut réduire de manière à obtenir $3\varepsilon^8 + \varepsilon^9 \equiv 2$ (*). On en tire, en carrant, $9\varepsilon^{16} + \varepsilon \equiv -2$ qui peut prendre les deux autres formes $9 + \varepsilon^2 \equiv -2\varepsilon$, $9\varepsilon + \varepsilon^3 \equiv -2\varepsilon^2$, et qui, combiné avec $\varepsilon^{16} - 1 \equiv \varepsilon^3$, donne $11 + \varepsilon \equiv -9\varepsilon^3$. Cette dernière expression sert à éliminer ε^3 avec $9\varepsilon + \varepsilon^3 \equiv -2\varepsilon^2$, et le résultat $80\varepsilon - 11 \equiv -18\varepsilon^2$ sert, à son tour, à éliminer ε^2 avec $9 + \varepsilon^2 \equiv -2\varepsilon$, ce qui donne $173 \equiv 44\varepsilon$. On trouve alors facilement $261 \equiv -396\varepsilon^{16}$ et $62577 \equiv 0$. Or $62577 \equiv 3.3.17.409$.

Cinquième note (**). Le développement de la puissance cinquième de $1 + \varepsilon \equiv \varepsilon^4$, dans l'hypothèse de $\varphi = 17$, donne lieu au calcul suivant :

$$\begin{aligned}
&\varepsilon^5 + 5\varepsilon^4 + 10\varepsilon^3 + 10\varepsilon^2 + 5\varepsilon + 1 \equiv \varepsilon^3;\\
&\varepsilon^5 + 5\varepsilon^4 + 9\varepsilon^3 + 10\varepsilon^2 + 5\varepsilon + 1 \equiv 0;\\
&\varepsilon^4 + \varepsilon^8 + 3\varepsilon^7 + 6\varepsilon^6 + 4\varepsilon^5 + \varepsilon^4 \equiv 0;\\
&\varepsilon^4 + \varepsilon^8 + 3\varepsilon^{10} + 3\varepsilon^9 + \varepsilon^8 \equiv 0;\\
&\varepsilon^4 + \varepsilon^8 + 3\varepsilon^{13} + \varepsilon^8 \equiv 0;\\
&\varepsilon^4 + 2\varepsilon^8 + 3\varepsilon^{13} \equiv 0.
\end{aligned}$$

Le développement pourrait conduire à un autre résultat qui, réuni au précédent, résoudrait fort simplement la difficulté. On développerait alors

---

(*) Le développement est d'abord

$$\varepsilon^6 - 6\varepsilon^5 + 15\varepsilon^4 - 20\varepsilon^3 + 15\varepsilon^2 - 6\varepsilon + 1 \equiv \varepsilon^7.$$

Si on opère alors les réductions, on trouve successivement pour les premiers membres des relations :

$$\begin{aligned}
&-\varepsilon^9 + 5\varepsilon^8 - 11\varepsilon^7 + 10\varepsilon^6 - 5\varepsilon^5 + \varepsilon^4; &&-\varepsilon^9 - 5\varepsilon^{11} + 6\varepsilon^{10} - 4\varepsilon^9 + \varepsilon^8;\\
&-\varepsilon^9 - 2\varepsilon^{11} + 3\varepsilon^{14} - 3\varepsilon^{13} + \varepsilon^{12}; &&-\varepsilon^9 - 2\varepsilon^{11} + \varepsilon^{14} - 2 + \varepsilon^{16};\\
&-\varepsilon^9 - 2\varepsilon^{11} + \varepsilon^{14} - 1 + \varepsilon^3; &&-\varepsilon^9 - 3\varepsilon^{11} + \varepsilon^{10} - 1 + \varepsilon^3;\\
&-3\varepsilon^{11} - \varepsilon^{13} - 1 + \varepsilon^3; &&-3\varepsilon^{11} - \varepsilon^{12} + \varepsilon^{16} - 1 + \varepsilon^3;\\
&-3\varepsilon^{11} - \varepsilon^{12} + 2\varepsilon^3; &&\text{et } -3\varepsilon^8 - \varepsilon^9 + 2.
\end{aligned}$$

Pour abréger, nous avons supprimé le signe $\equiv$ et le second membre qui est zéro dans toutes ces relations.

(**) Cette note a été annoncée, à la page 7.

de la manière suivante :

$$\begin{aligned}
&\varepsilon^5 + 5\varepsilon^4 + 9\varepsilon^3 + 10\varepsilon^2 + 5\varepsilon + 1 \equiv 0\,;\\
&\varepsilon^8 + 4\varepsilon^7 + 5\varepsilon^6 + 5\varepsilon^5 + 1 \equiv 0\,;\\
&\varepsilon^{11} + 3\varepsilon^{10} + 2\varepsilon^9 + 3\varepsilon^5 + 1 \equiv 0\,;\\
&\varepsilon^{14} + 2\varepsilon^{13} + 3\varepsilon^5 + 1 \equiv 0\,;\\
&1 + \varepsilon^{13} + 3\varepsilon^5 + 1 \equiv 0\,;\\
&\varepsilon^{13} + 3\varepsilon^5 + 2 \equiv 0\,.
\end{aligned}$$

Pour éliminer ε^5 de ce dernier résultat, on déduit successivement de $\varepsilon^4 + 2\varepsilon^8 + 3\varepsilon^{13} \equiv 0$, en ayant égard à $\varepsilon^8 \equiv \varepsilon^4 + \varepsilon^5$, les relations $3\varepsilon^4 + 2\varepsilon^5 + 3\varepsilon^{13} \equiv 0$, ou $9\varepsilon^4 + 6\varepsilon^5 + 9\varepsilon^{13} \equiv 0$; $9\varepsilon^4 + 9\varepsilon^{13} \equiv 2\varepsilon^{13} + 4$; $9\varepsilon^4 + 7\varepsilon^{13} \equiv 4$. Et, pour éliminer ε^8, on obtient $9\varepsilon^8 + 7 \equiv 4\varepsilon^4$, $18\varepsilon^8 + 14 \equiv 8\varepsilon^4$, $14 \equiv 8\varepsilon^4 + 9\varepsilon^4 + 27\varepsilon^{13}$, $17\varepsilon^4 + 27\varepsilon^{13} \equiv 14$. Il ne reste plus qu'à éliminer entre celle-ci et $9\varepsilon^4 + 7\varepsilon^{13} \equiv 4$. On trouve $62\varepsilon^{13} \equiv 29$, $62\varepsilon^4 \equiv 5$, et par conséquent $3699 \equiv 0$. Or $3699 \equiv 3.3.3.137$ ce qui conduit à la même condition numérique $137 \equiv 0$.

Sixième note (*). Voici comment on peut faire le développement de la puissance cinquième de $1 + \varepsilon \equiv \varepsilon^7$, dans l'hypothèse de $\varphi = 17$:

$$\begin{aligned}
&\varepsilon^5 + 5\varepsilon^4 + 10\varepsilon^3 + 10\varepsilon^2 + 5\varepsilon + 1 \equiv \varepsilon\,;\\
&\varepsilon^{11} + 4\varepsilon^{10} + 6\varepsilon^9 + 4\varepsilon^8 + \varepsilon + 1 \equiv \varepsilon\,;\\
&1 + 3\varepsilon^{16} + 3\varepsilon^{15} + \varepsilon^8 + 1 \equiv 0\,;\\
&3\varepsilon^5 + \varepsilon^8 + 2 \equiv 0\,.
\end{aligned}$$

Septième note (**). Le développement de la puissance sixième de $1 + \varepsilon \equiv \varepsilon^4$, dans l'hypothèse de $\varphi = 19$, peut s'opérer ainsi :

$$\begin{aligned}
&\varepsilon^6 + 6\varepsilon^5 + 15\varepsilon^4 + 20\varepsilon^3 + 15\varepsilon^2 + 6\varepsilon + 1 \equiv \varepsilon^5\,;\\
&\varepsilon^9 + 4\varepsilon^8 + 11\varepsilon^7 + 9\varepsilon^6 + 6\varepsilon^5 + 1 \equiv 0\,;\\
&\varepsilon^{12} + 3\varepsilon^{11} + 8\varepsilon^{10} + \varepsilon^9 + 5\varepsilon^5 + 1 \equiv 0\,;\\
&\varepsilon^{15} + 2\varepsilon^{14} + \varepsilon^{13} + 5\varepsilon^{10} + 5\varepsilon^5 + 1 \equiv 0\,;\\
&\varepsilon^{18} + \varepsilon^{17} + 5\varepsilon^{10} + 5\varepsilon^5 + 1 \equiv 0\,;\\
&5\varepsilon^{10} + 5\varepsilon^5 + \varepsilon^2 + 1 \equiv 0\,.
\end{aligned}$$

(*) Cette note a été annoncée, à la page 8.

(**) Cette note a été annoncée, à la page 10.

Huitième note (*). On peut effectuer, comme il suit, dans l'hypothèse de $\varphi \equiv 19$, le développement de la puissance cinquième de $1 + \varepsilon \equiv \varepsilon^8$:

$$
\begin{aligned}
\varepsilon^5 + 5\varepsilon^4 + 10\varepsilon^3 + 10\varepsilon^2 + 5\varepsilon + 1 &\equiv \varepsilon^2 ;\\
\varepsilon^5 + 5\varepsilon^4 + 10\varepsilon^3 + 9\varepsilon^2 + 5\varepsilon + 1 &\equiv 0 ;\\
\varepsilon^{12} + 4\varepsilon^{11} + 6\varepsilon^{10} + 3\varepsilon^9 + \varepsilon^8 + \varepsilon &\equiv 0 ;\\
1 + 3\varepsilon^{18} + 3\varepsilon^{17} + \varepsilon^8 + \varepsilon &\equiv 0 ;\\
1 + 3\varepsilon^6 + \varepsilon^8 + \varepsilon &\equiv 0 ;\\
3\varepsilon^6 + 2\varepsilon^8 &\equiv 0 .
\end{aligned}
$$

(*) Cette note a été annoncée, à la page 13.

Paris. — Typographie de Firmin Didot frères, fils et Ce, rue Jacob, 56.

www.ingramcontent.com/pod-product-compliance
Ingram Content Group UK Ltd.
Pitfield, Milton Keynes, MK11 3LW, UK
UKHW021928230726
13925UKWH00007B/2491